BEI GRIN MACHT SICH IHR WISSEN BEZAHLT

- Wir veröffentlichen Ihre Hausarbeit,
  Bachelor- und Masterarbeit

- Ihr eigenes eBook und Buch -
  weltweit in allen wichtigen Shops

- Verdienen Sie an jedem Verkauf

Jetzt bei www.GRIN.com hochladen
und kostenlos publizieren

Bibliografische Information der Deutschen Nationalbibliothek:

Die Deutsche Bibliothek verzeichnet diese Publikation in der Deutschen National-
bibliografie; detaillierte bibliografische Daten sind im Internet über http://dnb.d-
nb.de/ abrufbar.

Impressum:

Copyright © 2014 GRIN Verlag
Druck und Bindung: Books on Demand GmbH, Norderstedt Germany
ISBN: 9783668003699

W. K.

Iberische Halbinsel. Städtesysteme und Stadtentwicklung in Spanien

GRIN Verlag

Die Stadtentwicklung in Spanien

Bacherlor Geographie, 4. Semester, 180 ECTS

Inhaltsverzeichnis

Abbildungsverzeichnis

Tabellenverzeichnis

1. Einleitung

In dieser Seminararbeit wird das Thema der Stadtentwicklung in Spanien bearbeitet. Das vorgegebene Thema ist „Städtesysteme und Stadtentwicklung der iberischen Halbinsel". Die Konzentration dieser Arbeit liegt hierbei auf der Stadtentwicklung, das Thema der Städtesysteme wird hierbei aus der Analyse ausgenommen, da sich dieses nicht nahtlos in die Fragestellung einfügt. In dieser Seminararbeit spezialisiere ich mich auf Spanien und seine Stadtentwicklung von der Römerzeit bis heute. Hierbei wird darauf verzichtet, diese Entwicklung rein deskriptiv widerzugeben. Stattdessen sollen durch einen Vergleich mit Mitteleuropa, hier wenn möglich auch Deutschland, die kulturraumspezifischen Einflussfaktoren auf die Stadtentwicklung Spaniens herausgearbeitet werden. Die Stadtentwicklung wird entlang der Reihenfolge der zeitlichen Gegebenheiten untersucht. Zu Anfang werden die Stadtentwicklung und die Stadtentwicklungsplanung definiert. In den weiteren Kapiteln wird ein grober Überblick über die Entwicklung der Stadt in Mitteleuropa gegeben. Daraufhin wird die Stadtentwicklung in Spanien beschrieben. Hierbei fließen Informationen über die politischen und bevölkerungsrelevanten Entwicklungen ein, weil diese die Stadtentwicklung prägen. Zum Schluss werden die kulturraumspezifischen Einflussfaktoren auf Spaniens Stadtentwicklung herausgestellt.

2. Definition der Stadtentwicklungsplanung und der Stadtentwicklung

In diesem Kapitel wird die Stadtentwicklung in Abgrenzung zur Stadtentwicklungsplanung definiert. Die Stadtentwicklungsplanung ist die Entwicklungsplanung einer Stadt, die auf Freiwilligkeit beruht und ein Entwicklungsziel besitzt (GEBHARD et al. 2002: 263). „Gegenstand der Stadtentwicklungsplanung ist die Erfassung und Steuerung der Entwicklung einer Stadt unter Berücksichtigung aller raumwirksamen Faktoren" (KIRSCH et al. 1986: 347). Die Stadtentwicklung ist die „Genese einer Stadt von ihren Anfängen bis zur Gegenwart oder während einer bestimmten Epoche" (LESER et al. 1997: 810). Dies beinhaltet sowohl die Stadtentstehung als auch das räumliche Wachstum von Städten. Die Stadtentwicklung ist wichtig, um die Funktion und Struktur heutiger Städte zu analysieren (KIRSCH et al. 1986: 345). Die Stadtentwicklung ist Gegenstand dieser Seminararbeit.

3. Die Stadtentwicklung während der Römerzeit

3.1 Die Stadtentwicklung in Mitteleuropa

Die Römische Stadt hat ihren Ursprung in der antiken, griechischen Stadt Polis. Der Grundriss der Stadt war das hippodamische Schema, also die viereckige Grundrissgestaltung mit Insularen in Gitternetzanordnung. Durch die Stadt führten zwei große Straßen. Zum einen der Cardo (Nord-Süd-Achse) und zum anderen der Decumanus (Ost-West-Achse). In der Mitte der Stadt befand sich das Forum mit den größeren öffentlichen Gebäuden (HEINEBERG 2006: 201f.). Die Spuren dieses Stadttyps sind noch bis heute in der Grundrissstruktur, dem Städtenamen und Städtesystem erhalten (GEBHARD, H. 2002: 166). In Deutschland sind Köln, Mainz oder Augsburg Beispiele für Städte römischer Gründung (LESER et al. 1997: 714). Die meisten römischen Städte wurden später zu Bischofssitzen (KIRSCH et al. 1986: 346). Die Römer breiteten sich in ganz Gallien, im nordwestlichen Germanien und in England aus. Im späteren Deutschland verbreiteten sich die Städte vor allem entlang des ganzen Rheins sowie des rechten Donauufers (HEINERBERG 2006: 202).

3.2 Die Stadtentwicklung in Spanien

Die Römer eroberten ab Ende des 3. Jhd. v. Chr. überwiegend den östlichen Teil, die Mitte und den Süden Spaniens, insbesondere die Gebiete südlich der horizontalen Grenze von Zaragoza, Toledo, Merida und Lissabon (REHER 1994: 3[1], zit. n. MEYER 2001: 33). Siehe hierzu die Abb. im Anhang. Hier setzten die Römer ihre Städte und politischen Systeme durch (CUNCLIFFE 1994: 25f.). Die römischen Bauten sind in Spanien bis heute erhalten. Zum Beispiel die mehrere Kilometer langen Aquädukte bei Merida (BÖHME 2008: 68). Aber auch Brücken wie in Salamanca oder Stadtmauern und Triumphbögen in Medinaceli zeugen von der Römerzeit (ROMERO CARNICERO 1989: 146[2], zit. n. MEYER 2001: 33). Nach dem Ende der Römischen Herrschaft im 4 Jhd. n. Chr. eroberten die Westgoten und im 8. Jh. AC die Mauren Spanien (BÖHME 2008: 68). Die Westgoten errichteten aber keine neuen Städte und die bestehenden wurden kaum ausgebaut (MEYER 2001: 33).

---

[1] Reher, D.S. (1994): „Ciudades, procesos de urbanización y sistemas urbanos en la Peínsla Ibérica, 1550-1991". In: Guardia, M., Monclus, F.J., Oyón, J.L. (Hrsg.): *Atlas històrico de las ciudades europeas. 1. Penìnsula Ibèrica*. Barcelona, S. 1-25.

[2] ROMERO CARNICERO, F. (1989): „El valle del Duero durante la prehistoria". In: Junta de Castilla y Leòn, Consejerìa de Cultura y Bienestar Social (Hrsg.): *Castilla y Leon. Geografìa, Historia, Arte, Lengua, Literatura, Cultura, Tradiciones*. Valladolid, S. 134-141.

4. Die Stadtentwicklung im Mittelalter (711 -1480 AC)

4.1 Die Stadtentwicklung in Mitteleuropa

Die mittelalterliche Stadt war im Allgemeinen geprägt von einer abwechslungsreichen, dichten, unsymmetrischen Bebauung (HEINEBERG 2007: 331). Es handelte sich um kleine Städte, in denen eine Großstadt bereits ab 10000 Einwohnern klassifiziert war. (ENNEN 1987: 225). Im Mittelalter war eine Phase verschiedenster Stadtgründungen in Mitteleuropa (HEINEBERG 2006: 208). In Mitteleuropa gab es zu Beginn des Mittelalters, also im 8./9. Jh., besonders in Flandern und den Niederlanden die Frühmittelalterlichen Keimzellen (ENNEN 1987: 92). Die Siedlungen der königlichen Kaufleute wurden Mutterstädte genannt und waren von Belgien bis in das Rheinland verbreitet. **Fürstenstadt?** Der Markt entwickelte sich hier jetzt zum Mittelpunkt der mittelalterlichen Bürgerstadt. Die sich von 1150-1250 entwickelnden älteren Gründungsstädte des Hochadels, waren planmäßige Stadtanlagen in günstiger Verkehrslage, die der kaiserlichen und fürstlichen Machtpolitik dienten (HEINEBERG 2006: 203f.). Zudem waren sie Fernhandelsstädte von Kaufleuten (HEINEBERG 2007: 332). Bei den territorialen Klein- und Zwergstädten nach 1250 handelte es sich um bescheidenere Gründungen in Grenzen rivalisierender Territorien zum Zwecke der Machtdemonstration (HEINEBERG 2006: 206f.). Die darauf folgenden spätmittelalterlichen Stadtgründungen von 1300-1450 sind die Minderstädte (HEINEBERG 2007: 332). Sie besitzen keinerlei Befestigung und wie ihr Name schon aussagt, nur verkürzte Privilegien (HEINEBERG 2006: 208).

4.2 Die Stadtentwicklung in Spanien

Man unterscheidet in Spanien zwei mittelalterliche Städte: die spanisch-islamische Stadt und die kastilische Stadt (BREUER 2008: 177). Die Nordmeseta, welche die Landschaften von Altkastilien und León umfasste, war eine Zwischenzone zwischen maurischem und christlichem Gebiet. Sie war kaum besiedelt (MEYER 2011: 33). Mit der Zeit eroberten die Mauren nahezu die gesamte iberische Halbinsel (HAENSCH 1996: 110f.).

4.2.1 Die islamisch-maurische Epoche ab 711 in Spanien

In Spanien begann ab 711 die islamisch-maurische Epoche (BREUER 2008: 176). Siehe hierzu Abb. 6./7. im Anhang. Die maurische Stadt bestand aus der Kernstadt, der Stadtmauer, der Freitagsmoschee, dem Minarett, der Stadtburg, dem Handelsmarkt und öffentlichen Bädern. Das spanische Land diente den erobernden Mauren als Emirat und sie gründeten neue Städte und bauten die römischen aus. Unter ihnen wurde Cordoba zur größten Stadt Europas, mit einem großen religiösen Zentrum, der Mezquita (BÖHME 2008: 68).

Die Spuren der Stadt kann man noch heute in Grund- und Aufriss erkennen. (BREUER 2008: 177). Dies erkennt man sowohl an den baulichen Werken, in Städten südlich des Tacho und an der Ostküste bis nach Aragonien. Ebenso sind die Spuren am religiösen Zusammenleben von Moslems, Juden und Christen nachvollziehbar (BÖHME 2008: 69). Innerhalb der Stadtmauer der maurischen Stadt befanden sich der Standort der Hauptmoschee und ein Basar. Hinter der Stadtmauer befanden sich ländliche Vororte, Arrabales genannt. Enge Straßen und Sackgassen, mit Häusern, die auf einen Patio (Innenhof) ausgerichtet waren machten den Charakter der maurischen Stadt aus. Dieser Charakter der Stadt wurde durch eine dichte, schattenspendende Ordnung durch private Initiativen gelenkt, war also frei von stadtplanerischen Eingriffen (VIOLICH 1962: 173[3], zit. n. Meyer 2001: 35). Die Innenhöfe der Wohnhäuser dienten der Privatsphäre und zeichneten sich meist durch ein Wasserspiel und verzierte Säulen aus. Besonders in Städten Andalusiens wie Sevilla, Málaga und Granada sind die maurischen Elemente heute noch erkennbar (BÖHME 2008: 69). Die charakteristischen muslimischen Stadt- und Residenzburgen aus dem 12-14. Jh. nennen sich Alcazabas. Ein berühmtes Beispiel hierfür ist die Alhambra in Granada (LEONADRY 2002: 87). So war der Stadtteil Albayzin in Granada geprägt durch die Mauren, aber auch die Römer, und die Juden (RUSSI 2012: 1). Achthundert Jahre lang wurde dieser Stadtteil durch die maurische Besiedlung geprägt. Die labyrinthartige Struktur der Straßen und einige Moscheen wie die Hauptmoschee Iglesia San Salvador oder die Aljama al Rasif beweisen dies. Auch die Bäder des Albayzins, wie das arabische Bad Banuelo, welches das älteste, erhaltene Bad in Granada ist, sowie Befestigungsmauern und Paläste zeugen von der Präsenz der Mauren im Albayzin (RUSSI 2012: 15 ff.). **S. hierzu Abb. 8./9. im Anhang.**

4.2.2 Die Kastilische Stadt in Spanien (8 Jh. – Anfang 15. Jh.)

Die kastilische Stadt ist ein zweiter spanischer Stadttyp im Mittelalter. Unter französischem Einfluss entstand vom Norden Spaniens aus Widerstand gegen die Mauren, in dessen Folge das besetzte Gebiet zurückerobert wurde. Dieser Vorgang wird

---

[3] VIOLICH, F. (1962): „Evolution of the spanish city". In: *Journal of the American Institute of Planners* 28 (3), S. 170-179.

Reconquista (8 Jh.-1400) genannt. Die Frontlinie verlief 1236 entlang des Pilgerweges, weil es gelungen war Cordoba zurück zu erobern. Dies führte dort zur Pilgerkirchenarchitektur, welche französisch-romanische mit spanisch-gotischen Einflüsse verband (BÖHME 2008: 70). Es gab zu wenig Christen, um die zurückeroberten Gebiete zu füllen. Somit zogen sogenannte Francos also unter anderem Franzosen, Lombarden und Deutsche in die Städte, wo sie die Mittelschicht der Mittelalterstadt ausmachten (MEYER 2001: 34). Erste mittelalterliche, kastilische Städtegründungen fanden in Spanien schon ab der zweiten Hälfte des 9. Jh. statt. Sie waren als Widergründungen im Zuge der Reconquista zu verstehen. Erste Neugründungen waren Burgos und Oviedo (GAUTIER DALCHÈ 1989: 10ff.[4] zit. n. MEYER 2001: 33). Weitere Städtegründungen wie Salamanca begannen nach der Eroberung Toledos durch die Christen 1085 (GAUTIER DALCHÈ 1989: 84ff.[4], zit. n. MEYER 2001: 34). Kastilien entwickelte sich ab 1230 zur Bestimmenden Macht in Spanien (MEYER 2001: 34) und Granada wurde 1492 zurückerobert (BRAUNFELS 1991: 160[5], zit. n. MEYER 2001:38).

Die kastilische Stadt hat mittelalterlich-christliche Wurzeln. Ihr Charakter ist die enge Räumigkeit und die Kompaktheit (KLEIN 1988: 106). Charakteristisch war ebenfalls eine größere funktionale Durchmischung, als in der islamischen Stadt mit einer Konzentration auf den Handel (VIOLICH 1962: 174[4]). Das Zentrum bildete ein Plaza Mayor mit einem repräsentativen Verwaltungsgebäude und einer Klosteranlage mit Arkadengängen und mit einer teilweise bis heute erhaltenen Einzelhandelsfunktion (BREUER 2008: 177). In Kastilien entstand der Plaza Mayor durch einen Marktplatz außerhalb der Stadt, der durch das Stadtwachstum umschlossen wurde. (BONET CORRERA 1991: 38f.[6], zit. n. MEYER 2001: 40). Die kastilische Stadtanlage entwickelte sich aus einem burgartigen, funktionslosen Kern, an den sich, zusätzlich dem Außenring, ein zweiter Mauerring im Hochmittelalter anschloss (BREUER 2008: 177). Diese innere Stadtanlage enthielt eine Kirche, einen Markt und ein Rathaus (BÖHME 2008: 70). Die kleinen Siedlungskerne erfuhren ein zellenartiges Wachstum durch die **Arrabales** und durch das Zusammenwachsen der einzelnen Stadtviertel entstanden ab dem 12. Jh. größere Stadtgebiete (MEYER 2001: 36). Nach einer wirtschaftlichen Krise Ende des 19 Jh. wurden die Städte wieder weiter ausgebaut. Die Gesellschaft war in ein Kern-Rand-Gefälle

---

[4]GAUTIER DALCHÈ (1989): *Historia urbana de Leon y Castilla en la Edad Media (Siglos IX-XIII)*. Madrid.
[5] BRAUNFELS, W. (1991): *Abendländische Stadtbaukunst. Herrschaftsform und Baugestalt*. Köln.

[6] BONET CORREA, A. (1991): *El Urbanismo en Espana e Hispanoamerica*. Madrid.

gegliedert, in der die Oberschicht im Zentrum wohnte. Es fand eine ethnische, religiöse und soziale Segregation statt. Typisch war, dass die Handwerker in ihrer eigenen nach ihrem Beruf benannten Straße arbeiteten (GUTKIND 1967: 382[7], zit. n. Meyer 2001: 37). Die kastilische Stadt war, im Gegensatz zu der sehr ähnlichen lateinamerikanischen Stadt, unregelmäßig gebaut (JÜRGENS 1926: 2[8], zit n. Meyer 2001: 39). Die Eigenschaften der kastilischen Stadt haben sich bis in die heutige Zeit gehalten (KLEIN 1988: 106).

Der Mudèjar-Stil war ein bedeutender Architekturstil zwischen dem 11. Und 16. Jahrhundert. Er entstand während der Reconquista durch die Christen als Mischstil zwischen christlicher und muslimischer Bauformen und ist sehr verbreitet in Spanien. Er setzt sich bis heute durch und enthielt Ziegelbau und sich wiederholende Dekorationen (LEONADRY 2002: 83). Die Kathedrale in Granada wurde zum Beispiel als Machtsymbol der neuen christlichen Macht erbaut (BÖHME 2008: 71).

5. Die Städte der frühen Neuzeit (1400-1800)

5.1 Die Städte in Mitteleuropa

Die frühneuzeitlichen Stadttypen in Mitteleuropa waren Ausläufer der mittelalterlichen Minderstadt, Kolonisationsstädte und Bergstädte (15./16.Jh.).

Die Exulantenstädte, ein frühneuzeitlicher Stadttyp, kam zwischen dem 16. Und 18 Jh. in landesfürstlichen Gebieten vor und diente den Protestanten als Fluchtort aus dem Machtbereich der aus der Reformation durch die Christen verursachten damaligen Gegenreformation (HEINEBERG 2006: 209ff.). Im weiteren Verlauf entstanden Fürstenstädte, also Residenz-, Festungsstädte der Renaissance und des Barocks. Die „starke territoriale Zersplitterung Deutschlands in Bistümer, Fürstentümer und freie Reichstädte trug dazu bei, dass sich (…) keine königlich herrschaftlich geförderte, nationale Stilausbildung durchsetzen konnte. Eine regional, aber auch zeitlich z.T. stark abweichende Gebäudegestaltung ist kennzeichnend." (BORNEMEIER 2002: 148). Man unterscheidet bei der Fürstenstadt die Renaissancestadt (16./17. Jhd.) und die Barockstadt (17. bis 18. Jhd.). Die Renaissancestadt besaß eine symmetrische Stadtgliederung mit

---

[7] GUTKIND, E. A. (1967): *Urban Development in Southern Europe: Spain and Portugal.* London.

[8] JÜRGENS, O. (1926): *Spanische Städte. Ihre bauliche Entwicklung und Ausgestaltung.* Hamburg.

einem quadratischen Straßensystem. Typisch war eine sternförmige Zitadelle mit rundem Innenfeld und rautenförmigen Baublöcken sowie der befestigten Bürgerstadt mit rechteckigen Baublöcken. Die Barockstadt besaß eine geometrische Stadtstruktur. Die Grundrissstruktur war auf die Schlossanlage der Fürsten ausgerichtet, um die ständische Gliederung der Bevölkerung auszudrücken (HEINEBERG 2006: 210ff.).

5.2 Die Städte in Spanien

In Spanien entwickelten sich dieselben Stadttypen der Neuzeit wie in Mitteleuropa. Für die kastilische Stadt bedeutete die frühe Neuzeit einerseits wirtschaftlichen Erfolg aber auch bauliche und funktionale Veränderungen innerhalb der Städte (VONES 1993: 240[9] zit. n. Meyer 2001: 38). Jede kastilische Stadt hat sich im 16. Jahrhundert auf einem produzierenden Gebiet spezialisiert, Salamanca z.B. auf Lederverarbeitung, und sie bildeten zusammen ein gut organisiertes System (REHER 1994: 4[1] zit. n. MEYER 2001: 41). Die Cortes - ein Begriff mit wechselnder Bedeutung, bis zum Beginn des 19 Jh. die Bezeichnung für die Versammlung der Landesstände (HOLTMANN 2000: 107) - von Toledo leiteten Steuer- und Verwaltungsreformen ein und die Städte zeigten damit erste Anzeichen des modernen Staates. Eine Stadt diente jetzt nicht mehr als Verteidigung und somit wurden die Städte am Hang nun überwiegend am Hangfuß erweitert. Die Mauer änderte ihre Funktion und grenzte die Stadt gegen das ländliche Gebiet ab.

Im 16. Jahrhundert wurden viele öffentliche Gebäude und Kirchen gebaut. Zu dieser Zeit war die Charakteristik der Stadt rechtwinklige Straßenkreuzungen, einheitliche Balkone und ein regelmäßiger Stadtgrundriss. Von Mitte des 15. Jahrhunderts bis zum Ende des 16. Jahrhunderts hatte Nordspanien ein dichteres Städtenetz als Südspanien. Heute ist dies umgekehrt (MEYER 2001: 38ff.). In den Residenzstädten in Spanien hatten die „adeligen Stadtherren weniger Macht als Beispielsweise in Italien. (…) Typisch für diese Stadt waren prächtige Kirchen und viele Klöster." (MEYER 2001: 41). Sie besaßen zudem eine regelmäßige Platzanlage und einen Palast und Klosteranlagen (GUTKIND 1967: 262f.[8], zit. n. MEYER 2001: 41). Die Bischofstädte hatten einen hohen Bevölkerungsanteil der aus Klerus bestand. Die Kathedrale ist hier das dominierende Gebäude in der Stadt. Beispiele für diese Städte sind Burgos oder Tarazona (BONET CORREA 1991: 28[10], zit n. MEYER

---

[9] Vones, L. (1993): *Geschichte der iberischen Halbinsel im Mittelalter (711-1480). Reiche-Kronen-Regionen.* Sigmaringen.

[10] BONET CORREA, A. (1991): *El Urbanismo en Espana e Hispanoamerica.* Madrid.

2001: 41). Die Entdeckung Amerikas führte zu einer wirtschaftlichen Ankurbelung Spaniens aber zu keinen neuen Festungsstädten (JÜRGENS 1926: 2[9] zit. n. Meyer 2001: 39).

Während der Renaissance entwickelten sich die alten Handwerksviertel vor der ersten Mauer zu Wohnungen der Oberschicht und öffentlichen Gebäuden (BONET CORREA 1991: 39[11] zit. n. MEYER 2001: 40). Die Architektur zeichnet sich durch den isabellinischen bzw. platereske Stil aus: Dies ist „die spanische Variante der Renaissance, gemischt mit gotischen Elementen und reichem Ornamentschmuck." (MEYER 2001: 40).

Ab 1600 stagnierten die kastilischen Städte in ihrer Entwicklung. Innerhalb des Binnenlandes zerfielen die bedeutenden Städte im Zeitraum von 16. bis ins 19. Jahrhundert. Dies hatte verschiedene Gründe (MEYER 2001: 42). Zum einen wurden Juden und Moriscos, zum Christentum konvertierte Moslems 1492 bzw. 1609 vertrieben (RUHL 1987: 63[11], zit. n. MEYER: 42). Dadurch ging in allen Städten das produzierende Gewerbe zurück. Zum anderen gab es einen Verlust der Hauptstadt- und Residenzfunktion und eine Machtkonzentration in Madrid. Durch absolutistisch herrschende Könige verloren die Städte an Macht und ihre militärische Funktion fiel ebenfalls weg. Auch der wirtschaftliche Niedergang, der im 17. Jahrhundert stattfand und die spanische Abschottung wegen der Inquisition trugen ihren Teil zu dem Verfall der Städte bei (MEYER 2001: 42).

Der Barock führte in Spanien zu einer unregelmäßigen Bauform, verzierten Fassaden und Balkonen sowie einer religiösen Stadtgestaltung (BONET CORREA 1991: 41f.[11], zit n. MEYER 2001: 42). Die mittelalterlichen Städte wurden im 16.Jh.-19.Jh. in ihrer Funktionalen Gliederung wieder durchmischt, während die bauliche Gestaltung der Altstädte unveränderlich blieb (MEYER 2001: 42). Im 18. Jh. begann eine Modernisierung der nördlichen Küstenregionen, welche die Situation, der dicht besiedelten Küstenstädte und der wenig besiedelten Binnenräumen festigte (PREDECO LEDO 1990: 33[12], zit. n. Meyer 2001: 43). Ebenso änderte sich der Baustil. Durch Ordenanzas wurden die Bauvorschriften für alle größeren Städte nach 1770 bestimmt. Außerhalb der erhaltenen Mauern wurden Alleen, öffentliche Plätze und offene Straßen gebaut (KLEIN 2001: 43).

---

[11] Ruhl, K.-J. (1986): *Spanien-Ploetz. Spanische und portugiesische Geschichte zum Nachschlagen.* Freiburg.

[12] PREDECO LEDO (1990): *La red urbana* (=Geografá de Espana, Band 18). Madrid.

Die Gotik Spaniens zeichnet sich unter anderem durch zwei Haupttypen von Kathedralen aus. So gibt es „die vielschiffige (drei und fünf Schiffe) Basilika mit Querschiff und halbkreisförmigem Chorumgang und die große rechteckige, mehr hallenartige Basilika" (SCHUBERT 1908: 9), mit möglichst hohen Seitenschiffen. Hier kann man als Beispiel die Kathedrale zu Sevilla nennen. Der erstgenannte Typ war das Vorbild für den Dom von Granada. Der Bauliche Schwerpunkt ist hier zum ersten Mal auf den Hochalter gelegt worden. Dies geschieht mit Hilfe eines selbstständigen Kuppelraums als Anspielung an die Kuppelkirche der Renaissance (SCHUBERT 1908: 12ff.).

Bis zum Ende des 19. Jahrhunderts existierte ein Nebeneinander von Kirchen, Palästen und Alcàzaren. Somit gab es einen Dreiklang von spätgotischem, Renaissance und maurischem Stadt- und Baustil. **Schließlich folgten Barock und Klassizismus.** Madrid entwickelte sich in der Neuzeit sich zu der Hauptstadt des Landes. (BÖHME 2008: 71f.). Die kastilischen Städte lösten sich auf, weil die zentralistische Politik des habsburgischen Königs Karl V. dort auf Ablehnung stoß. Im besonderen Maße aber, weil der wirtschaftliche und spanische Schwerpunkt Spaniens sich durch den Überseehandel an die Küsten und in den Süden verschob (MEYER 2001: 41).

6. Die Städte der Industrialisierung im 19. Jahrhundert in Mitteleuropa

6.1 Die Städte in Mitteleuropa

Durch die Industrialisierung in den 70er Jahren des 19. Jhd. begann eine starke Städtebauphase. Dies geschah, weil In den Jahren der Gründerzeit 1871 bis 1873 besonders viele Unternehmen gegründet wurden und die Einwohnerzahl deutlich stieg. Es mussten also neue Wohnungen gebaut werden (HEINEBERG 2006: 218f.). So entwickelte sich von England und Frankreich ausgehend die industrielle Großstadt (REINBORN 1996: 31). In dieser industriellen Großstadt entstanden Prachtstraßen in Folge der Vorbildhaften Straßenbaumaßnahmen in Paris von 1852-1871 unter Napoleon III. Es wurden hier breite Boulevards mit Sternplätzen gebaut (HEINEBERG 2006: 223f.). Nach dem Jugendstil um 1900, welcher eine Städtebauliche Entwicklung mit Schwerpunkt auf Naturraum mit mehr Pflanzen und weniger Verzierungen darstellte (GOORMANN 2002: 152), folgten die Mietskasernen. Diese wurden erbaut, weil ein gering entwickelter öffentlicher Nahverkehr eine geringe Distanz zwischen Wohnung und Arbeit notwendig machte (HEINEBERG 2006:

223f). Berühmte Beispiele für die Mietskasernen sind die Berliner Hofbebauung oder die Back-to-Back-Bebauung in England (REINBORN 1996: 28). Für Menschen mit höheren Einkommen entstanden Villensiedlungen in Vororten. Von 1850 bis nach 1900 entstanden viele Werkskolonien. Es handelte sich hierbei um meist von einer Zeche für ihre Arbeiter angelegte Wohnsiedlungen (HEINEBERG 2006: 224f.). Ein Beispiel hierfür in Deutschland ist Stahlhausen in Bochum (REINBORN 1996: 37).

5.1 Die Städte in Spanien

In Spanien führte die Industrialisierung nur zu geringem Städtebau. Dennoch gab es einige Stadterweiterungen mit schachbrettartigem Straßengrundriss und Baublöcken mit Freiflächen. Diese sogenannten Ensanches schlossen sich als Wachstumsring an die mittelalterliche Altstadt an. Große Ensanches gibt es in Barcelona, Madrid, Valencia und Bilbao (BREUER 2008: 176f.). An den Stadterweiterungen, Straßendurchbrüchen und Plätzen siedelte sich der tertiäre Sektor an (GORMSEN et al. 1988: 43).

Abbildung 1: Ensanchenbebauung in Barcelona. Allmähliche Verdichtung der einzelnen Manzanas. DREUER 2008: 100

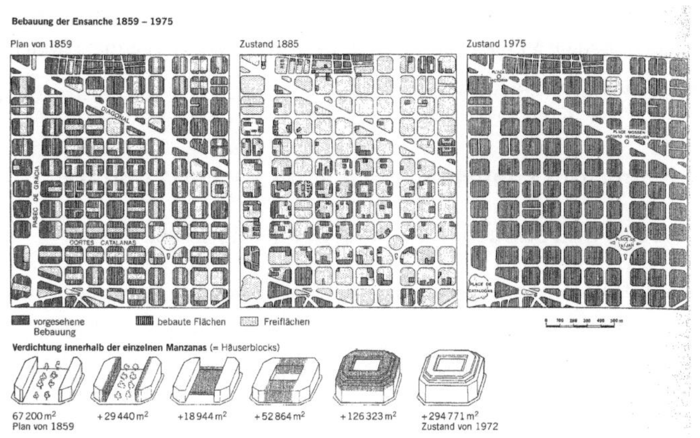

In der Abb.1 erkennt man, dass die Baublöcke der Ensanches in Barcelona mit der Zeit eine Aufstockung erfuhren. Dies geschah, weil sich das Hauptgeschäftszentrum Barcelonas in der ersten Hälfte des 20 Jhd. hierhin verlagerte (BREUER 2008: 180).

Die industrialisierte Altstadt zeichnete eine kompakte Bebauung aus (KLEIN 1988: 106). Große Straßen, sogenannte Gran Vias bildeten zentrale Verkehrsachsen durch sie hindurch (FERRER et al. 1978: 54f.). Die Stadtmauern aus dem Mittelalter wurden in der 2. Hälfte des 19. Jh. zerstört, weil sie ein Wachstumshindernis darstellten (MEYER 2001: 44). Als Folge der Industrialisierung und dem Bevölkerungswachstum entstand ein starkes soziales Gefälle in der Stadt. Um dem entgegen zu wirken, entwickelte man die Fluchtlinienplanung, (KLEIN 1988: 32) dem Vorläufer der heutigen Bebauungsplanung (LESER et al. 1997: 238). In deren Folge wurde die **Gartenstadt ab 1892** in Spanien eingeführt (KLEIN 1988: 32).

In zwei Phasen von 1835 bis 1837 und ab 1855 fand in Spanien die Desamortizaciòn statt (MEYER 2001: 44). Desamortizaciòn ist die Aufhebung und der Verkauf des kirchlichen Landbesitzes (BERNECKER 1990: 273). Diese „typisch spanische Erscheinung (…) verursachte morphologische Veränderungen, die sich entscheidend auf die innere Gliederung vieler Städte bis in unsere Zeit auswirkten." (MEYER 2001: 44). So wurden bei der Desamortizaciòn die Grundherrschaften der Adeligen und Kirchen teilweise enteignet und an das Großbürgertum verkauft. Trotz entgegengesetztem Ziels, verschlechterten sich die Wohnbedingungen der Armen dadurch, sie flohen in die Städte und lösten hier ein Städtewachstum aus. In Folge dessen, wurden viele Mietwohnhäuser in den Zentren fast doppelt so hoch. Die Manzanas, die Straßengevierte der Stadt verkleinerten sich und es entstanden repräsentative Bauten an breiten Straßen des aufstrebenden Bürgertums, welche man noch heute sehen kann (MEYER 2001: 44).

7. Die Verstädterung und Suburbanisierung im 20. Jahrhundert

7.1 Die Verstädterung und Suburbanisierung in Mitteleuropa

Als Gegenreaktion auf den Mietskasernenbau und den Großstädten der Industrialisierung breitete sich von 1910-1920 die Gartenstadtbewegung von England über ganz Europa aus (BENEVOLO 1999: 216). In Deutschland entstand z.B. die Gartenstadt Margarethenhöhe in Essen (REINBORN 1996: 77). Es entwickelte sich zudem von 1924-1930 der genossenschaftliche Wohnungsbau in Form von Mietshäusern. Als prägendes Planungselement wurde die Charta von Athen 1933 bis 1941 herausgegeben, mit dem Ziel der funktionellen Stadt mit räumlich getrennten Funktionen (HEINEBERG 2006: 227f.). Im dritten Reich ab 1935 bis 1945 wurde der Wohnungsbau entliberalisiert. Es wurden Gartenstadtähnliche Siedlungen für die Wehrmacht erbaut und Industriewerke mit einer eigenen Stadt ergänzt. Es gab in Mitteleuropa mehrere städtebauliche Leitbilder, die den Städtebau prägten. So zum einen die gegliederte und aufgelockerte Stadt ab 1940, welche an die Charta von Athen angelehnt war (REINBORN 1996: 147ff.). Es folgten die Entwicklung der autogerechten Stadt und 1960 das Leitbild der Urbanität durch Dichte (HEINEBERG 2006: 130f.). In der darauffolgenden Zeit begann ein behutsamer Stadtumbau mit dem Ziel der Nutzungsdurchmischung (KUDER 2004: 190). Ab Beginn der 1970er stand der Denkmalschutz im Mittelpunkt und die nachhaltige Stadtentwicklung trug zur Wohnumfeldverbesserung bei (HEINEBERG 2006: 135). In der „Raumordnung in Deutschland" entstanden 1996 einige neue Leitideen für die Stadt: Die Stadt der kurzen Wege, die Kompakte, gemischte Stadt und die Polyzentralität der Stadt (KUDER 2004: 182).

7.2 Die Verstädterung und Suburbanisierung in Spanien

Generell kann man sagen, dass sich aufgrund des Regionalismus in Spanien die einzelnen Regionen unterschiedlich entwickeln. „Die Unterschiede der wirtschaftlichen und demographischen Entwicklung der spanischen Regionen haben während des 20. Jahrhunderts die Genese und Wachstumsformen der Städte stärker beeinflusst als die traditionellen Unterschiede der Bauformen." (MEYER 2001: 46).

Die rationalistische, zonale Planung der Charta von Athen von 1933 wurde in Spanien durch die GATEPAC-Architektengruppe durchgesetzt. In Madrid wurde der Stadtentwicklungsplan „Plan general de extenciòn de Madrid" entwickelt, welcher den Übergang von der Fluchtlinienplanung in die funktionale Planung einleitete (KLEIN 1988: 33). Der Bürgerkrieg von 1936-1939 und der daraus folgende Sieg Francos führten zu der Entwurzelung der ruralisch orientierten, spanischen Bevölkerung (MÜLLER 1988: 14). Nach 1939 und 1945 ließ sich für Franco aus Ex- und Importen kein Gewinn mehr machen und er schaffte von 1939 bis 1959 mit seiner Autokratiepolitik eine größere finanzielle Unabhängigkeit vom Weltmarkt. Nach dem Bürgerkrieg entwickelte Franco das Leitbild der organizistischen Stadt mit Anlehnung an den katholischen Glauben und einer dreieinigen Struktur. Diese franquistisch-falangistische Stadt war formal begrenzt, stellte eine Gesamtheit von Normen und Gesetzen dar und lebt vom Zusammenspiel der verschiedenen Organe. Sie besitzt zudem eine natürliche Wachstumsgrenze. Dies hatte zur Folge, dass die überzählige Bevölkerung auf andere Städte verteilt wurde. Es folgte die Gründung verschiedener Planungsorganismen, z.B. dem „Instituto Nacional de la vivienda", mit vielen Stadtentwicklungsplänen. Für Salamanca und Valladolid wurde er 1939 erstellt, im Jahr 1943 für Toledo, Cuenca, Mallorca, und Zaragoza sowie in den

Jahren 1944/45 für die Städte Sevilla, Valencia, Barcelona und Málaga (KLEIN 1988: 15ff.).

Zur der Zeit der Macht Francos, war das gesamte Land durch Ähnlichkeiten in der Stadtentwicklung geprägt, weil die Zuständigkeiten beim Zentralstaat lagen (MEYER 2001: 46). In diesem Zusammenhang folgte die Gründung der nationalen Städtebaubehörde 1949 dem Ziel einen nationalen Städtebauplan zu erstellen. In den 1950er Jahren kam es zu einer beginnenden ökonomischen Liberalisierung und einer stärkeren Industrialisierung, sowie städtebaulichen Initiativen. Die städtebauliche Planung ging folglich über die alte falangistische Stadt hinaus. Die Planung beinhaltete die offene Blockbauweise, die Gartenstadtbebauung aber auch die Fluchtlinienplanung und traditionelle Ensanche-Erweiterungen.

Madrid und Barcelona nahmen die Vorreiterrolle in der weiteren Stadtplanung der 50er ein. Der Madrider „Plan General" von 1953 diente als Vorbild für die Errichtung von Satellitenstädten. Nachdem durch Franco nach 1939 die Autonomie der Lokalverwaltungen eingeschränkt wurde, wurde 1955 der Handlungsspielraum der Gemeinden erweitert (KLEIN 1988: 33ff.). Die Eigendynamik des Bau- und Immobiliensektors erschwerte die Planung und die Städte waren geprägt von einer Architektur des Rationalismus (GORMSEN et. al. 1986: 47f.). Ein Baugesetz von 1956 schrieb die Bebauung größerer zusammenhängender Siedlungen, Poligonos residenciales, der lokalen Planung vor (KLEIN 1988: 47). Seit der Erfindung des motorisierten Verkehrs in den 1950er kam es zu einer Verkehrszunahme und der Entwicklung von Eisenbahnstraßensystemen und diagonale Straßendurchbrüchen. Viele grüne Freiflächen gingen verloren (BREUER 2008: 180).

Gegen Ende der autokratischen Franco- Politik wurde ab 1959 mit dem Stabilisierungsplan die Außenorientierung und Liberalisierung der Wirtschaft eingeleitet. Dem freien Wohnungsbau wurde Vorrang gewährt, die Bebauung einiger Flächen geschah durch Gesetzesänderungen, losgelöst vom Plan General, welcher vorher für eine einheitliche Stadtentwicklung in Spanien sorgte. Ab 1963 konnten die Industrien ihren Standort in der Stadt selber wählen (KLEIN 1988: 18ff). Die Entwicklungspläne Ende 1960er sollten für eine Steigerung der Wirtschaftsleistung führen und waren weniger in Richtung Stadtentwicklung ausgerichtet. Dies führte zu einigen Industriestädten. Je nachdem wie sich die Städte im Bürgerkrieg Franco gegenüber verhalten hatten, wurde die Industrialisierung stärker oder schwächer durch Franco gefördert (MEYER 2001: 44). Neben der Industrieansiedlung war auch die Touristenansiedlung von Interesse. Durch ein Gesetz konnten Feriensiedlungen z.B. abseits jeglicher Planungsvorschriften gebaut werden (KLEIN 1988: 50).

Im Folgenden wird die Suburbanisierung in Spanien im 20. Jh. am Beispiel Madrids erläutert. Ab dem Ende der 1950er entwickelte sich in Spanien eine Binnenwanderungswelle mit dem Höhepunkt zwischen 1960 und 1980. Es entstand folglich eine starke Bevölkerungswanderung vom ländlichen Raum in den Städtischen (MÜLLER 1988: 11). Besonders in den Küstenbereichen aber auch im Landesinneren führte dies zu einer Metropolisierung (BREUER 2008: 176). In den Mittelstädten wurden überdurchschnittlich viele Großwohnanlagen aufgrund des Bevölkerungswachstums gebaut. Diese Bebauung gab es nicht nur am Stadtrand in Form von Sozialwohnungen sondern auch in Vororten als Stadtkante. Durch diese Prozesse wurde die sozialräumliche Struktur aber nicht beeinflusst. Die Oberschicht wohnte in der Stadtmitte, die Unterschicht am Rand der Stadt (BREUER 2008: 181). Seit den 1950er Jahren findet in Madrid aufgrund der oben beschriebenen Gründe Suburbanisierung statt. In den 60er Jahren wanderten aus der Stadt sehr viele Menschen in die Gemeinden des Umlandes (MÜLLER 1988: 14). Diese Suburbanisierung ist aber nicht, nicht nur in Madrid, als ein Stadt-Land-Kontinuum anzusehen sondern strikt und klar getrennt (siehe Abb.2) (KLEIN 1988: 107). Aus der Suburbanisierung folgte ein stetiges Siedlungswachstum, dessen Höhepunkt nach 1970 erreicht war. Nach 1970 entwickelte sich nun ein negativer Wanderungssaldo in Madrid (MÜLLER 1988: 13f.). Der nationale Wohnungsplan von 1961 fokussierte sich deswegen auf den Wohnungsbau, während die Städteplanung auf die lokale Ebene beschränkt blieb (KLEIN 1988: 46). Die zuwandernden Menschen nach 1960 zogen zuerst in die Altstädte, dann in die äußeren Zonen der Ensanches und die dicht bebauten Wohnblocksiedlungen. Durch diese Zuwanderungen und die luxuriösen Bauten sowie dem tertiären Sektor waren die in der Altstadt lebenden ärmeren Bevölkerungsteile bedroht. In großen Städten wie z.B. Valencia wurden die Hauptstraßen durch private Umbauten modernisiert, während Nebenstraßen schlechter wurden. In wirtschaftlich aufstrebenden Regionen traten diese Veränderungen stark ein, indem Hochhäuser in die Altstädte gebaut wurden (GORMSEN et al. 1988: 44). Die randstädtischen Neubaugebiete waren von einer schlechten Lebensqualität, wie z.B. ungenügenden Grünflächen geprägt. Typische stadtbildprägende Bauten waren dort Wohnsiedlungen. Diese bilden bis in die 80er Jahre und auch heute

Teile des Stadtbildes. Durch die Ensanches entstanden ungeregelte Wachstumsentwicklungen nach zentral-radialem Muster, welche Burgos 1969 durch seinen „Stadtentwicklungsplan Wachstum" in eine Richtung lenkte (KLEIN 1988: 45ff.).

Einfamilienhäuser, Mehrfamilienhäuser gibt es in den suburbanen Gebieten Spaniens kaum. Die Gründe dafür liegen darin, dass die Wohnsituation für Spanier eher unwichtig ist, denn das Leben spielt sich auf Straßen und Plätzen ab. Mit Ein- oder Zweifamilienhäusern würde es dieses Leben nicht geben. Wegen der Einkommenssteigerung in den 1960er und 70er Jahren können auch weniger betuchte Bürger einen Zweitwohnsitz im Umland errichten. 1981 hatte Cercedilla in Nähe von Madrid einen Zweitwohnsitzanteil von 75%. Diese sind ohne Baugenehmigung und nachträglich legalisiert worden. Es setzte allmählich die Entwicklung eines fließenden

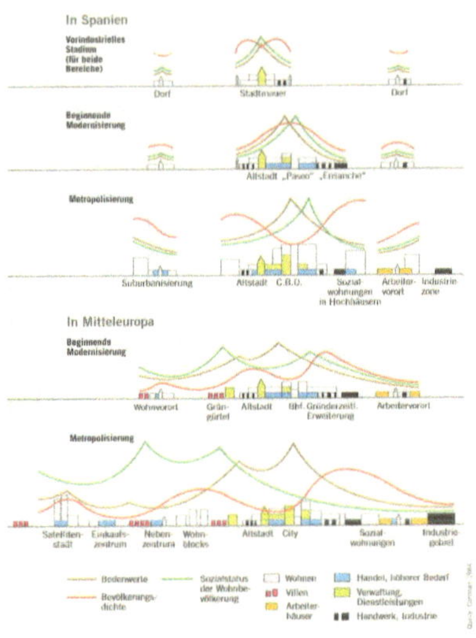

Abbildung 2: Unterschiede in der Metropolisierung in Mitteleuropa und Spanien. BREUER 2008: 182

Übergangs der Nutzung des Zweitwohnsitzes als Erstwohnsitz durch. Familien verbrachten in den 1960er 70er 3 Tage die Woche und die Schulferien dort (MÜLLER 1988: 16f.).

Durch den politischen Desarrollismus – eine nach dem 2. Weltkrieg entwickelte Theorie, der nationalen und internationale Optimierung eines Staates (**Wirtschaftslexikon**)- kam es zu einer Änderung in der Stadtplanung. In dieser Zeit wurde Spanien von einer Agrar- zur Industrienation (MEYER 2001: 30). Zudem sollte in Großstädten ab 1969 genügend Freiflächen für Privatbauten geschaffen werden. Der Staat nahm eine neue Rolle ein, indem er nun nur Rahmenbedingungen der Stadtplanung vorgibt. Durch das Gesetz von 1970 „ACTUR" konnte der Bau von Superpoligonos in Madrid, Barcelona, Valencia, Zaragoza sowie Cadiz durchgeführt werden (KLEIN 1988: 49). Durch Demokratisierung ab 1975 verlagerten sich die Kompetenzen der Stadtplanung zunehmend in die Gemeinden (MEYER 2001: 46).

Einen stadtgrößenabhängigen Verstädterungsprozess gab es in den 80ern. 1981 lebten fast 75% aller Menschen Spaniens in Städten. Ab ca. 1945 gibt es bereits mehr städtische Bevölkerung als nichtstädtische. Der Verstädterungsprozess drückt sich durch Verstärkung des Sub-urbanisierungsprozesses aus (KLEIN 1988: 93ff.). 1976 kam zudem ein neuer nationaler Bebauungsplan heraus. Dabei wurde nur

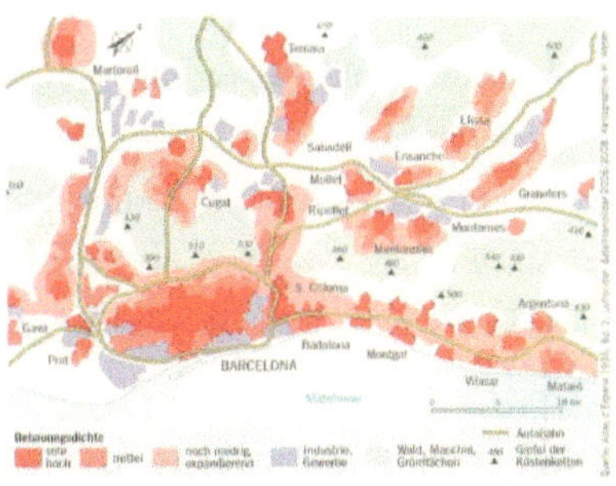

Abbildung 3: Area Metropolitana de Barcelona 2008: Die Verstädterung entwickelte sich seit 1950 schrittweise, auch durch den Bau von Industrieflächen. WAGNER 2001: 90

knapp die Hälfte der hier geplanten Wohnungen realisiert um zu große Verdichtungen zu verhindern. Der Plan sah städtische Planungseinrichtungen, Gerencias de urbanismo, vor. (KLEIN 1988: 104). Die Suburbanisierung und Verstädterung führte zu einigen Nachteilen. In den 1980er Jahren führte die liberale Baupolitik zu semilegalen Hüttenvierteln (BREUER 2008: 182). Es gab keine Raumordnung im ländlichen Raum und eine Überformung durch Zweitwohnsitze. Die Arbeitsplätze der Bürger erfuhren keine Suburbanisierung. Dies führte zu Pendlern und Luftverschmutzung (MÜLLER 1988: 17ff.).

In Spanien gibt es bis heute keinen Umweltschutz. Die EU-Gelder fließen ausschließlich in die Straßen. Auch das schon angesprochene Kernstadt-Peripherie-Problem ist immer noch brisant. In Andalusien entwickeln sich heutzutage zwei Typen von Städten. Zum einen die Städte der Küste mit bewahrter maurischer Tradition und zum anderen die ärmeren kleineren Städte, wie die weißen Dörfer. Diese schrumpfen sogar, weil die Menschen sich lieber in ihren Heimatdörfern aufhalten. Die weißen Dörfer werden aber touristisch genutzt. An der Küste sind die metropolisierten Städte durch hohe Bodenpreise geprägt. Dadurch haben Arbeitsmigranten keine Chance hier zu leben. In der Städte-Achse Sevilla-Cádiz gibt es dieselben Probleme. In Sevilla ist das maurische Erbe noch sehr intakt und für Touristen interessant, aber auch hier gibt es Gatet Communities und private Einkaufskomplexe. Ein weiteres Entwicklungsbeispiel ist Málaga. Málaga entwickelte sich von einer Stadt mit autofeindlicher Altstadt und arabischer Burg zu einer Stadt mit zubetonierter Touristenküste sowie mit Peripherien ohne Arbeits- und Wohnattraktivität. Zudem gibt es hier eine schlechte Infrastruktur. Als einen Lösungsansatz will man versuchen durch nachhaltige Energiegewinnung und Schiffsbau eine andere weniger reiche Klientel in die Stadt zu locken (BÖHME 2008: 73f.). Der Stadtplanungsprozess wird durch

Kulturellen Regionalismus, economic rescaling und Gründungen beeinflusst. Die regionale Politik und ihre kulturellen Unterschiede beeinflussen die Stadtplanung. Die Tendenzen der regionalen ökonomischen Restrukturierung und der ethnische Regionalismus haben ihren Anteil an der Gestaltung der Städtelandschaft. Es herrscht das Problem, dass diese Regionalisierungen mit der Globalisierung kollidieren (PRYTERCH, HUNTOON 2005: 41f.).

8. Die speziellen Charakteristika der Stadtentwicklung Spaniens

Anhand der Tabelle 1 werden die besonderen Charakteristika der Entwicklung der spanischen Stadt im Unterschied zur mitteleuropäischen Stadt aufgezeigt. Anhand des erarbeiteten Vergleiches von mitteleuropäischer und spanischer Stadtentwicklung, kann man die Einflüsse auf Spaniens Stadtentwicklung gut herausarbeiten. So wurden in Spanien im Mittelalter im Vergleich zu Mitteleuropa schon sehr früh Städte gegründet. Es handelt sich um eine vergleichbare Entwicklung wie zur Gründerzeit in Mitteleuropa (MÜLLER 1988: 13ff.). Der maurische und der kastilische Stil, sowie der Mudejar-Stil sind charakteristisch für das Mittelalter in Spanien. Zur Zeit der Neuzeit entwickelte sich bis zum Ende des 19. Jahrhundert ein Nebeneinander von Renaissance, spätgotischem und und maurischen Stadtstil. Die Ensanchenbebauung und die Desamortizacion sind typische Stilmittel zur Industrialisierung Spaniens. Die Herrschaft von Franco führte zur organizistischen Stadt. Auch in Spanien fand im 19 Jahrhundert Suburbanisierung statt. Die suburbane Zone war aber nicht als ein Stadt-Land-Kontinuum anzusehen, sondern im Unterschied zu Mitteleuropa, strikt und klar von der Stadt getrennt. (KLEIN 1988: 107). Auch gibt es im suburbanen Raum Spaniens keine Einfamilienhäuser oder Mehrfamilienhäuser (MÜLLER 1988: 16).

Tabelle 1: Die besonderen Charakteristika der Entwicklung der spanischen Stadt im Unterschied zur mitteleuropäischen Stadt. Eigene Darstellung.

Zeit	Kulturraumspezifische Einflussfaktoren der Stadtentwickung in Spanien	Kutlurraumspezifischer Umgang der Stadtentwicklung in Spanien, mit gleichen Einflussfaktoren wie in Mitteleuropa
Mittelalter 711-1480 AC	<u>Islamisch-maurische Epoche:</u> - mit Stadtmauer, Freitagsmoschee, Minarett, Stadtburg etc.; schattenspendende Raumordnung - In nahezu ganz Spanien außer im Norden, besonders in Städten Andalusiens <u>Kastilische Stadt:</u> - Plaza Mayor, Kompaktheit - Entwickelte sich von Norden aus <u>Mudejar-Stil:</u> - Mischstil zwischen christlicher und muslimischer Bauformen	- Im Vergleich zu Mitteleuropa wurden schon sehr früh Städte gegründet. Diese sind vergleichbar mit der Gründerzeilichen Entwicklung in Europa
Städte der frühen Neuzeit (1400-1800)		- Jede kastillische Stadt hat sich auf einem produzierenden Gewerbe spezialisiert - 2 Kathedralentypen: die vielschiffige und die rechteckige Basilika - Bis Ende 19. Jahrhundert Nebeneinander von Renaissance, spätgotischem und und maurischen Stadtstil
Industrialisierung 19. Jh.		- Ensanches schlossen sich an die urspr. mittelalterliche Altstadt an - Es fand Desamortizacion statt
Suburbanisierung 20. Jh.	- organizistische Stadt unter Franco: Zusammenspiel verschiedener Organe, formal begrenzt; Danach verschiedene städtebaul. Initiativen. In 1960er Fokus auf Industrieansiedlung	- Regionalismus prägt unterschiedliche Stadtentwicklung (nach der Franco-Zeit) - Suburbanisierung: klar abgetrennte suburbane Zone, kein Stadt-Land-Kontinuum, zudem mit Großwohnanlagen; Keine Ein- und Mehrfamilienhäuser in suburbaner Zone, hier auch Zweitwohnsitze; Poligonos residencales; - Es sollte in Großstädten ab 1969 genügend Freiflächen für Privatbauten geschaffen werden.
Heute		

Literaturverzeichnis

PRYTERCH, D. L. UND HUNTOON, L. (2005): Entrepreneurial regionalist planning in a rescaled Spain: The cases of Bilbao and Valencia. *GeoJournal* 62 (1-2): 41-50.

Wirtschaftslexikon: *Desarrollismus.* URL: http://www.wirtschaftslexikon.co/d/desarrollismus/desarrollismus.htm [Abrufdatum: 11.07.2014]

„Spanien: Grad der Urbanisierung von 2001 bis 2011" Statista http://de.statista.com/statistik/daten/studie/169921/umfrage/urbanisierung-in-spanien zuletzt abgerufen 11.07.2014

BERNECKER, W.L., FUCHS, H.-J., HOFMANN, B., SCHMIDT, B., SCOTTI-ROSIN, M., et al. (1990): *Spanien-Lexikon. Wirtschaft, Politik, Kultur, Gesellschaft.* München.

WAGNER, H.-G. (2001): *Mittelmeerraum. Geographie, Geschichte, Wirtschaft, Politik.* Darmstadt.

HOLTMANN, E. (2000): *Politik-Lexikon.* Oldenburg. 3. Auflage.

BENGTSON, H., MILOJCIC, V. (1958): *Großer historischer Weltatlas. 1. Teil. Vorgeschichte und Altertum.* 3., verbesserte Auflage. München.

GOORMANN, A. (2002): „Städte und Regionen des Jugendstils". In: IFL (Hrsg.): *Bildung und Kultur.* (=Nationalatlas Bundesrepublik Deutschland. Bd. 6). Heidelberg. S. 152-153

GEBHARD, H., BRUNOTTE E. (2002): : *Ökos bis Wald* (=Lexikon der Geographie, Band 3). Heidelberg.

LESER, H., HAAS, HANS D. (1997): *Wörterbuch Allgemeine Geographie.* München.

KIRSCH, H., MAUERER, R., SCHMIDT-KOEHL, W. SCHULZ, K., VÖLZING, O. (1986): *Fachbegriffe der Geographie. A-Z.* Frankfurt a.M. 2. erweiterte Auflage.

BREUER, T. (2008): *Iberische Halbinsel. Spanien, Portugal.* Darmstadt

SCHUBERT, O. (1908): *Geschichte des Barock in Spanien.* Esslingen a.N.

BÖHME, H. (2008): „Spaniens Städte: Unerledigte Geschäfte zwischen lateinisch-maurischer Tradition und boomender Baukonjunktur". In: Schott, D., Toyka-Seid, M. (Hrsg.): *Die Europäische Stadt und ihre Umwelt*. Darmstadt, S. 63-81.

KLEIN, R. (1988): *Stadtplanung und Wohnungsbau in Spanien nach 1960. Die Stadtentwicklung im Zeichen des Baubooms mit den Beispielen Valencia u. Burgos.* Saarbrücken.

GORMSEN, E., KLEIN, R., WÖLL, W. (1988): „Stadterneuerung in Spanien und Portugal. Hintergründe, gesetzliche Regelungen, Entwicklungstendenzen". In: Ante, U. & Wagner, H. (Hrsg.): *Probleme städtischer Verdichtungsräume in den Mittelmeerländern.* (=Würzburger Geographische Arbeiten, Band 70), Würzburg, S. 41-54.

CUNCLIFFE, B. (1994): „Diversity in the Landscape: The geographical background to urbanism in Iberia". In: Cuncliffe, B., Keay, S. (Hrsg.): *Social complexity and the development of towns in Iberia. From the copper age to the second century AD.* Oxford, S. 5-27.

HEINEBERG, H. (2006): *Stadtgeographie.* Paderborn, 3. Auflage.

HEINEBERG, H. (2007): *Einführung in die Anthropogeographie/Humangeographie.* Paderborn, 3. Auflage.

REINBORN D. (1996): *Städtebau im 19. Und 20. Jahrhundert.* Stuttgart.

HAENSCH, G., HABERKAMP DE ANTON, G. (1996): *Kleines Spanien Lexikon.* München.

BENEVOLO, L. (1999): *Die Stadt in der europäischen Geschichte.* München.

KUDER, T. (2004): *Nicht ohne: Leitbilder in Städtebau und Planung. Von der Funktionstrennung zur Nutzungsmischung* (=Edition Stadt und Region, Band 10). Berlin.

ENNEN, E. (1987): *Die europäische Stadt des Mittelalters.* Göttingen, 4. Auflage.

BORNEMEIER, B. (2002): *Regionale Baustile der Renaissance.* (=Nationalatlas Bundesrepublik Deutschland, Band 6). Heidelberg.

MÜLLER, A. (1988): „Zum Urbanisierungsprozess in Zentralspanien seit 1950“.
In: Ante, U. & Wagner, H. (Hrsg.): *Probleme städtischer Verdichtungsräume in den Mittelmeerländern*. (=Würzburger Geographische Arbeiten, Band 70), Würzburg, S. 11-22.

FERRER, M., PRECEDO LEDE, A. (1978): „La estructura interna de las ciudades espanolas”. In: *Geographica* 19 (1), S. 105-142.

GORMSEN, E., KLEIN, R. (1986): „Recent Trends of Urban Development and Town Planning in Spain”. In: *GeoJournal* 13 (1), S. 47-57.
URL: http://download.springer.com/static/pdf/856/art%253A10.1007%252FBF00190688.pdf?auth66=1403083913_1ec4ed5cffbec16ea97e8e0e36accbc9&ext=.pdf

LEONADRY, J. H., KERSTEN, H.: *Burgen in Spanien. Eine Reise ins spanische Mittelalter*. 2002. Darmstadt.

MEYER, K. (2001): *Entwicklung und Struktur der Städte in Castilla y León (Spanien)*. (=Passauer Schriften zur Geographie, Heft 17). Passau.

RUSSI, D. (2012): Der Albayzin. Ein historischer Stadtteil zwischen Orient und Okzident. Hamburg

BISCHOFF, D. (2009): Chronik der große Weltatlas. Von der Urgeschichte bis zur Gegenwart. Egedsa.

Anhang

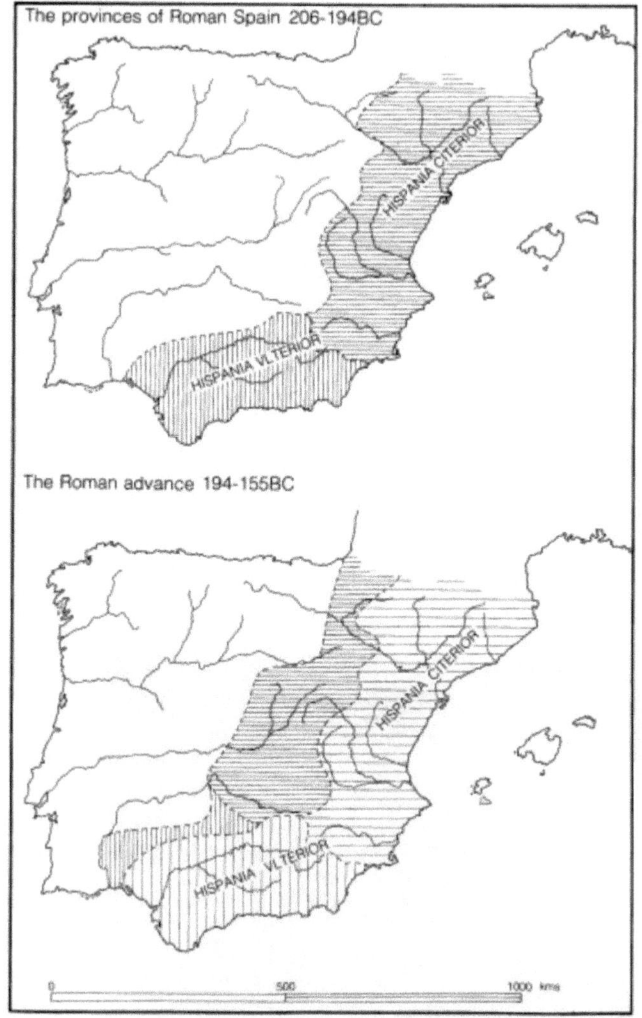

Figure 17. The advance of Rome in the third to second centuries. Source: Montenegro Duque *et al.* 1986, figs. pp. 45 and 52.

Abbildung 3 Die Eroberung der iberischen Halbinsel durch die Römer vom 3.-2. Jh. BC. CUNCLIFFE 1994: 25

Abbildung 4: Das Römerreich im Jahr 395 n. Chr. BENGSTON, H. 1958: 40

Abbildung 5: Römisches Aquädukt in Merida

https://www.uni-goettingen.de/admin/bilder/pictures/a29d6d17ca9deeea2a32b9cd1d391c0a.jpg

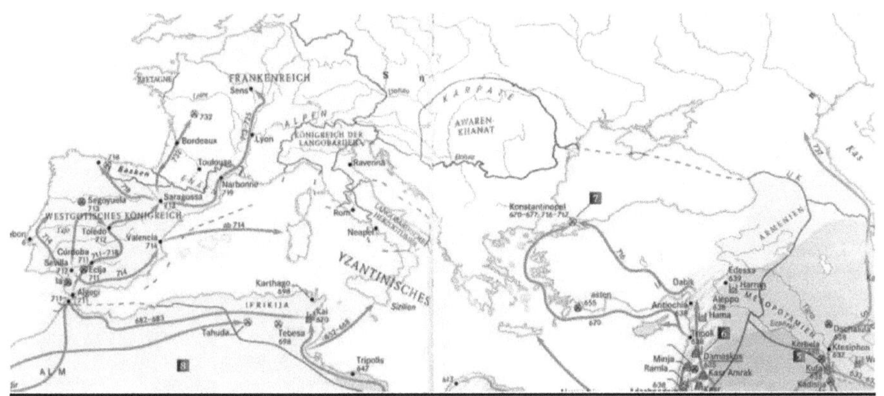

Abbildung 6: Die Eroberungen der Araber von 637-750. BISCHOFF 2009: 156

Abbildung 7: Die islamischen Eroberungen in Form von versch. Emiraten von 750-1037. BISCHOFF 2009: 158

Abbildung 8: La Alhambra in Granada. Eigene Aufnahme.

Abbildung 9: El Albayzin in Granada. Eigene Aufnahme.

Kathedrale Santa Maria de la Sede in Sevilla. Die größte gotische Kirche der Welt.

Zona residencial poligono

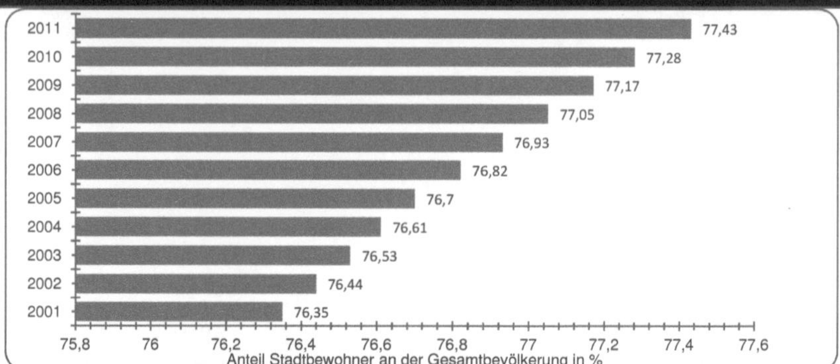

http://de.statista.com/statistik/daten/studie/169921/umfrage/urbanisierung-in-spanien